# 零基础学
# 纸藤编织

杨贤英———著

青岛出版社
QINGDAO PUBLISHING HOUSE

**图书在版编目（CIP）数据**

零基础学纸藤编织 / 杨贤英著. —— 青岛：青岛出版社，2017.5

ISBN 978-7-5552-5531-4

Ⅰ.①零… Ⅱ.①杨… Ⅲ.①纸工—编织 Ⅳ.①TS935.54

中国版本图书馆CIP数据核字(2017)第123473号


| 书　　名 | 零基础学纸藤编织 |
| --- | --- |
| 著　　者 | 杨贤英 |
| 出版发行 | 青岛出版社 |
| 社　　址 | 青岛市海尔路182号（266061） |
| 本社网址 | http://www.qdpub.com |
| 邮购电话 | 13335059110 |
| 策划组稿 | 刘海波　周鸿媛 |
| 责任编辑 | 王　宁 |
| 特约编辑 | 刘百玉　孔晓南 |
| 内文制作 | 丁文娟　潘　婷 |
| 封面设计 | 祝玉华 |
| 印　　刷 | 青岛乐喜力科技发展有限公司 |
| 出版日期 | 2017年8月第1版　2017年8月第1次印刷 |
| 开　　本 | 32开（889毫米×1194毫米） |
| 印　　张 | 4.5 |
| 字　　数 | 80千 |
| 图　　数 | 468幅 |
| 印　　数 | 1–7100 |
| 书　　号 | ISBN 978-7-5552-5531-4 |
| 定　　价 | 32.80元 |

编校印装质量、盗版监督服务电话：　4006532017　0532-68068638

本书建议陈列类别：情趣手工类

# "圆" 一个温馨的居家梦

最初接触纸藤作品时，我就被它缤纷的色彩深深吸引。后来发现，其优点不止于此，它的材料既不像真藤那样坚硬，也不像其他材质的藤那般具有深沉感，对于爱好藤编物的我来说，是难得的创作选择。

为了使初学者容易学习纸藤编织，我最终决定以"圆"作为本书最基本的出发点，设计了许多简单且实用的作品教给大家。我对常见的生活用品加以创作，将美感融入作品，使作品不仅具有实用性，更具有艺术感。利用这些作品装饰居家环境，不仅别致个性，还会使家更显温馨。

为了呈现更好的内容质量，在拍摄过程中，每一张照片都经过我的精心的设计、筛选，每一个作品的步骤图都清晰易懂。希望读者朋友们能通过本书详细的分解动作，轻松快速地学会制作各种纸藤作品，更好地改善居家环境。

当然除我之外，编辑、摄影、美编等许多人都为这本书的出版付出了辛勤的劳动，在这里，我要向他们表达无尽的谢意："能与你们共事，我真幸福，谢谢你们，祝福你们！"

杨贤英

# 目录 | Contents

## 第一章 | 纸藤花器

# 第二章 | 纸藤收纳

# 第三章 | 纸藤包包&装饰品

# 如何选购纸藤编织材料

对于一个没有任何纸藤编织经验的人来说，第一次接触纸藤时，常常被"该买什么、怎么买"等问题困惑。所以，针对初学者，我有以下几个选材建议：

### 一、选择单一的色系

先选择同一色系的铁丝纸藤卷与无铁丝纸藤卷进行练习，直到对作品的制作有信心后，再加入其他色彩搭配，这样会最大程度地避免出错或造成浪费。

### 二、掌握 1∶3 的搭配比例

即制作过程中用 1 份铁丝纸藤卷搭配 3 份无铁丝纸藤卷，这样既可保证作品形态又不造成浪费。制作完成后如果还有剩余的材料，还可将其用在其他作品上作为搭配。

**小贴士**

"铁丝纸藤卷"是指纸卷内含有铁丝、质地较硬的纸藤卷，适合用来做主枝、打底，犹如钢架的功用。

"无铁丝纸藤卷"是指用纯纸编制作的纸藤卷，其质地较软，适合用来做编枝、进行绕编。

因每人操作的力道及所需作品的尺寸不同，本书所标的材料长度和编织圈数仅供读者参考，不作硬性规定；纸藤颜色也可按个人喜好选择。

# 工具与材料

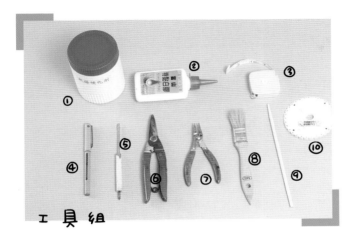

## 工 具 组

① 硬化剂　② 白胶　③ 卷尺　④ 签字笔　⑤ 螺丝刀

⑥ 剪刀　⑦ 尖嘴钳　⑧ 刷子　⑨ 筷子　⑩ 编盘器

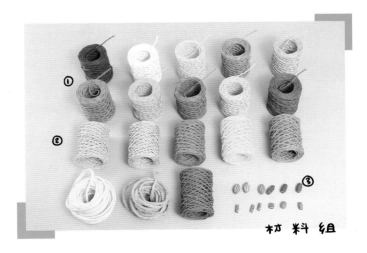

## 材 料 组

① 铁丝纸藤卷　② 无铁丝纸藤卷　③ 装饰珠子

## 纸藤卷颜色

　　藤编技艺渊远流长，由于合适的天然藤材不易搜集，现在我们常以纸藤或废旧电线替代。纸藤卷配色多、质地柔软、易塑形，还具有防水的特点，可以让喜爱藤编的手工爱好者轻松地完成各种作品。纸藤材料在各手工艺行、花艺材料行、文具店皆可购得。

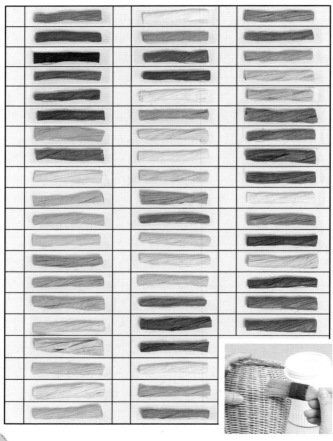

# 纸藤基础编法

## 材料准备

市售纸藤为一捆捆的，呈卷状，每捆约 25 米长。

1. 制作前先将弯曲的铁丝纸藤弄直。

2. 量好所需长度，并在每根纸藤的中心点做上记号。

## 十字底编法（以 6 支纸藤为例）

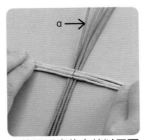

1. 将已调直的主枝以三下（竖向）三上（横向）的方式，呈十字形摆放，中心点重合，a 线需较长一些。

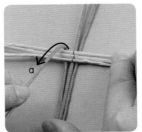

2. 将左上最外侧的纸藤（a 线）折下，压过横向纸藤。

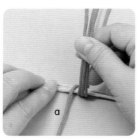

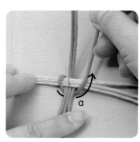

3. 将 3 条竖向纸藤下方往上折立起来，使之与桌面垂直。

4. 将 a 线向右绕，之后将步骤 3 中上折的主枝下压，将 a 线压在下面，竖向纸藤恢复原位；再将 a 线往上绕，压住右方的横向纸藤。

小贴士

在纸藤编织过程中，做骨架、不缠绕的纸藤为主枝，环绕编织的一根纸藤为编枝。如上图 4 中，a 线为编枝，其余为主枝。

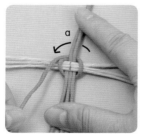

5. 将编枝绕至上方的竖向主枝下，保持竖向主枝在上，压住编枝。

6. 以同样的方式，保证竖向主枝在上，横向主枝在下，将编枝再绕一圈。

小贴士

纸藤衔接时，可将用尽纸藤的尾端反向拧几圈，使之松散开，再在中间接入新纸藤。也可将新纸藤在用尽的旧纸藤末端缠绕几圈，使之连接起来。必要时可用白胶进行固定。

7. 做好后将 11 支主枝（原本使用的 6 根纸藤从中心点重合被分为 12 段，其中一段作为编枝，剩下 11 段即 11 支主枝）呈放射状平均散开。

8. 将编枝剪断，另接一根编枝（无铁丝纸藤卷）继续绕编，此时主枝变为一上一下被编枝压挑，编枝绕编要紧密，稍用力。

**小贴士**

纸藤编织中的术语：

压 —— 编枝压在主枝上；

挑 —— 主枝压在编枝上。

## 井字底编法（以 12 支纸藤为例）

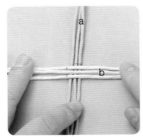

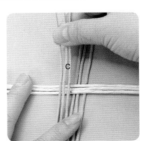

1. 将铁丝纸藤卷先以三上（横向 b 组）三下（竖向 a 组）的十字形摆放，中心点稍偏，如图。

2. 再在 a 组左方、b 组之上压 3 条竖向铁丝纸藤卷（c 组）。

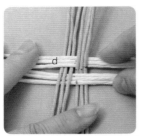

3. 再取3条铁丝纸藤卷（d 组），与 b 组平行，置于 c 组之上，并压在 a 组之下，如图，整体呈井字形。

4. 取 a 组下方最外侧的一支纸藤作编枝。

5. 如图，将编枝向上折，压 b 组、挑 d 组。

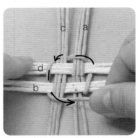

6. 再向左压 a 组、挑 c 组，再继续向下压 d 组、挑 b 组，之后向右压 c 组、挑 a 组，完成一圈的绕编。

7. 以这样逆时针的方向绕编 2 圈，有铁丝纸藤卷用完后，接上无铁丝纸藤卷继续绕编一圈。

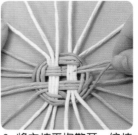

8. 将主枝平均散开，编枝继续依需要方式（不同作品不同的压挑方式）进行逆时针方向的绕编。

PART 1

第一章

纸藤花器

作 品

collection

01

# 小 胖 肚 花 器

圆滚滚的瓶肚惹人怜爱，用它装翠绿
翠绿的盆栽，增添了情调，让人爱不
释手。

材料: 60厘米铁丝纸藤卷10支, 25米无铁丝纸藤卷1支, 1.5
米无铁丝纸藤卷1支, 钳子

1. 以五上（横向）五下（竖向）的方式将10支铁丝纸藤以十字底的方式摆放。

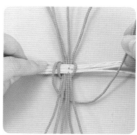

2. 将编枝（左上）用十字底编法以逆时针方向进行绕编。

3. 绕编4圈，若铁丝纸藤卷用尽，需替换无铁丝纸藤卷。

4. 将主枝两支为一组（有一组为单主枝）平均分散开。

5. 再以两上两下的压挑方式继续编约5圈。

6. 将主枝以圆弧方式立起，再以一上一下的压挑方式编3圈。

7. 绕编时需不断调整主枝间的距离，使之平均。

8. 将底部圆弧编高后，再次调整主枝间距。

9. 将主枝稍稍向外倾斜，用编枝继续编约 25 圈。

10. 更换其他颜色的编枝继续绕编。

11. 编约 4 圈。

12. 编完后，再将编枝换回原色继续绕编。

13. 将主枝向内做出弯曲
的弧度。

14. 继续绕编完成瓶身。

15. 将编枝插入编枝层
里，隐藏好末端。

16. 将一支主枝以逆时针
方向压下，从外侧绕过
两支主枝，之后从内侧
绕过第三支主枝后向外
折出。

17. 以步骤16的方法依次
收编主枝。

18. 倒数第三支从外侧绕
过剩余两支主枝，从内
侧绕过已经收编的第一
支主枝后，向外折出。

19. 倒数第二支主枝从外侧绕过剩余一支主枝以及第一支主枝，再从内侧绕过第二支主枝后穿出。

20. 最后一支主枝由外向内，从第二支主枝的空隙中穿入。

21. 再由内往外，从第三支主枝的空隙中穿出。

22. 用钳子将主枝拉紧，缩小过大的空隙。

23. 完成第一层收编。

24. 继续以逆时针方向将一支主枝从下方绕过两支主枝后，从第三支主枝的上方绕一圈后向下拉。

25. 其余主枝依次折弯，进行第二层收编。

26. 倒数第二支主枝由下向上，从第一支主枝的空隙中穿上去。

27. 再由上向下，从第二支主枝的空隙中穿下来。

28. 最后一支主枝由下向上，从第二支主枝的空隙中穿上去。

29. 再由上向下，从第三支主枝的空隙中穿下来。

30. 拉紧主枝，缩小过大的空隙。

31. 剪掉多余的主枝，完成收编。

32. 整理作品形状。

▲底部图

▲完成图

# 桌 上 花 篮

朋友的女儿要结婚了，她希望女儿有一个很浪漫的婚礼，于是找我帮忙。在我眼里，金纱是最浪漫的东西。于是我召集许多朋友一起，将金纱做成一朵朵花，再放进篮子里，就像是把所有的浪漫装了起来，幻化成许许多多的祝福……

材料：40 厘米铁丝纸藤卷 8 支，60 厘米铁丝纸藤卷 3 支，15 米
无铁丝纸藤卷 1 支，筷子 1 根，白胶，锤子，尖嘴钳

1. 以四下（竖向）四上（横向）的方式将 8 支铁丝纸藤呈十字底的方式摆放。

2. 用十字底编法将编枝以逆时针方向进行绕编。

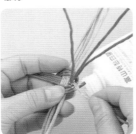

3. 铁丝纸藤卷用尽后，将编枝换成无铁丝纸藤卷接上。

4. 继续以十字底编法绕编。

5. 编 4 圈后，将主枝平均散开，编枝改为一上一下压挑主枝的方法继续绕编。

6. 向外扩散编约 12 圈。

7. 翻转底部，使其正面朝下，编枝置于一根主枝的下方。

8. 将两支主枝垂直立起来。

9. 将一支直立的主枝以逆时针方向压下，绕过另一支直立主枝，再从里向外以直角折出；主枝下压时以一根筷子间隔出一个小洞口。

10. 再将逆时针方向的下一支主枝垂直立起，将步骤9中保持直立的主枝下压，重复步骤9的做法，但不用做出小洞口。

11. 将主枝一根根以步骤10的方法绕编，直至最后一支直立主枝。

12. 将最后一支直立主枝由筷子间隔出的洞口处穿出。

13. 底部完成图，此时主枝皆呈横躺状态。

14. 再将底部翻回正面。

15. 将所有主枝向上立起，并稍向内倾斜。

16. 用编枝继续绕编约20圈。

17. 再将主枝压至与桌面平行，呈放射状向外散开。

18. 继续用编枝向外扩散编约9圈。

19. 编好后，将编枝剪断并插入编枝层，藏起纸藤末端。

20. 将每一支主枝向逆时针方向压折后，在下一支主枝处再向内折，并在第 5 圈编枝位置将主枝剪断。此步主要是确定主枝长度，为下一步收编做准备。

21. 用锥子辅助，将主枝插入逆时针方向相邻的主枝与编枝的缝隙里，进行收编。

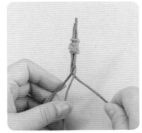

22. 将 3 支约 60 厘米长的铁丝纸藤卷编成辫子状。

23. 将编好的辫子在篮缘位置的两支主枝中间由上往下穿出，再在下一主枝中间向上穿出。

24. 另一端在对称位置以同样方法做出把手。

25. 在把手末端弯折处涂上白胶，用无铁丝纸藤卷贴紧把手末端向上缠绕。

26. 由下而上缠绕，直至将把手固定并将折叠处掩盖。

27. 收尾时，将纸藤套入前一圈打结，并涂上白胶。

28. 拉紧结扣。

29. 修剪掉多余的纸藤。

30. 完成作品，可适当加一些装饰。

▲完成图

▲底部图

作品

collection

## 03

# 绿风铃

用绿意装点家居，会让家看起来明朗、惬意，尤其是小盆栽更显主人的用心。在用过的化妆瓶或小酒杯里，植一两枝竹柏或者小罗汉松，放在精心编织的篮子里，旧物也会焕发出全新的生命力，吸引人们的眼球。

材料：27 厘米铁丝纸藤卷 5 支，22 厘米铁丝纸藤卷 1 支，3 米无铁丝纸藤卷 1 支，筷子 1 根，旧瓶子 1 个，螺丝刀

＜ 筐身 ∨

1. 以三下（竖向）两上（横向）的方式将 5 支铁丝纸藤呈十字底的方式摆放。

2. 将左上的主枝作为编枝。

3. 以十字底的编法进行绕编。

4. 绕编方向为逆时针。

5. 绕编 2 圈后，将主枝平均扩散开。

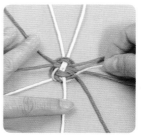

6. 改为一上一下的压挑方法继续绕编，铁丝纸藤卷用完后，接上无铁丝纸藤卷。

7. 向外扩散编约 7 圈。

8. 量一下，底部编至比准备的旧瓶子大1圈即可，也可视需要改变编织圈数。

9. 用螺丝刀辅助，将 22 厘米长的铁丝纸藤卷插入两支主枝之间。

10. 再将铁丝纸藤卷在对称面插入，做成把手。

11. 将主枝直立起来，可以以瓶子为模型。

12. 继续用编枝向上编约 16 圈。

13. 将编枝末端藏在编枝层里面收尾。

14. 将一支直立的主枝以逆时针方向压下，绕过相邻一支直立主枝，再从里向外以直角折出；主枝下压时以一根筷子间隔出一个小洞口。

15. 再将主枝绕过逆时针方向第2根主枝向内穿入、剪断。

16. 将其余主枝依步骤14，15的方法依次收尾，无需用筷子间隔洞口，最后一根主枝从筷子间隔的洞口穿出后再穿入编枝层将末端藏起。

17. 作品完成。

▲底部图

▲完成图

材料：45 厘米铁丝纸藤卷 12 支，20 米无铁丝纸卷 1 支，吊绳 5 根，牙签 5 根

1. 将 12 支铁丝纸藤 3 支一组，如图摆放，做井字底。

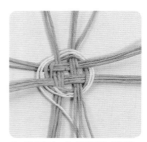

2. 以左上主枝作为编枝，进行井字底的绕编，如铁丝纸藤卷用完，接上无铁丝纸藤卷。

3. 编至 3 圈后，将主枝平均散开。

4. 改为一上一下的压挑方式，向外扩散编绕约 25 圈。

5. 结束时，将编枝从编枝层里穿出。

6. 再将编枝穿入编枝层，藏起末端。

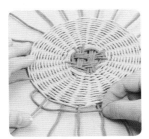

7. 以一支主枝为编枝，逆时针方向进行一挑、一压、一挑来收尾。

8. 依次将其余主枝进行收尾。

9. 主枝收尾完成。

10. 剪掉过长的主枝。

11. 将顶盘翻过来。

12. 将吊绳绑在做好的小吊篮把手上。

13. 将吊绳的另一端由顶盘反面穿入，从正面穿出。

14. 将顶盘翻到正面，在穿出的吊绳的头上绑上牙签。

15. 以长短不一的吊绳系绑 5 个小吊篮，并调整顶盘重心。

16. 放上小绿植，绿意盎然的盆栽风铃就做好了。

作 品

collection
04

广口曲线花瓶

这个作品的瓶身采用凹凸有致的曲线
造型，惹人注目，但对于初学者来说
有一定的技术难度，制作时可根据所
需大小量身定做。成品可以做花瓶、
装零食，实用又美观！

材料：42 厘米铁丝纸藤卷 5 支，25 米无铁丝纸藤卷 1 支，
　　　旧瓶子 1 个，尖嘴钳

1. 以两上（横向）三下（竖向）的方式将 5 支铁丝纸藤以十字底的方式摆放。

2. 用十字底的编法将编枝（左上）以逆时针方向绕编 2 圈。

3. 铁丝纸藤卷编尽后，要改换无铁丝纸藤卷作为编枝，编 2 圈后将主枝平均散开。

4. 以一上一下的压挑编法，继续编约 6 圈。

5. 将主枝立起，稍稍向外打开，之后用编枝继续绕编。

6. 以此方式编约 25 圈，越向上编开口越大。

7. 再将外斜的主枝向内弯至与桌面垂直，继续编约8圈。

8. 再把主枝向内弯成圆弧状。

9. 缩口的地方至少要能放入准备好的旧瓶子的瓶身。

10. 编好缩口后，再将主枝向外弯做出花瓶的开口。

11. 向外继续编高，瓶口越来越大，一直编到需要的口径。

12. 编好后，将编枝插入编枝层中隐藏好末端。

13. 用钳子依次将主枝插入逆时针方向的下一支主枝边，完成收编。

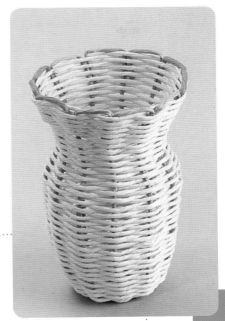

▲完成图

▲底部图

作 品

collection

05

# 直立多角花瓶

什么？想塑造如女人三围般婀娜多姿
的花器？来，那就试试这款吧！这款
花瓶三层连续弯曲，形成的凹凸造型
非常具有女人味。

材料：50 厘米铁丝纸藤卷 8 支，20 米无铁丝纸藤卷 1 支，
10 米无铁丝纸藤卷 1 支

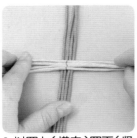

1. 以四上（横向）四下（竖向）的方式将 8 支铁丝纸藤以十字底的方式摆放。

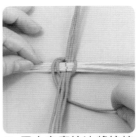

2. 用十字底编法将编枝（左上）以逆时针方向绕编。

3. 编 4 圈后，将主枝平均散开。

4. 改为一上一下压挑编法向外扩散绕编。

5. 绕编约 17 圈。

6. 将主枝垂直立起。

7. 用编枝继续编 2 圈。

8. 将主枝稍稍向内斜立，调整主枝之间的间距。

9. 将主枝造型全部做好。

10. 继续用编枝编约 18 圈。

11. 再将主枝向外弯，注意外斜角度与步骤 8 的内斜角度相同。

12. 继续绕编至花瓶第一个收口处，将编枝插入编枝层藏线；之后换其他颜色的纸藤卷。

13. 用新颜色的纸藤继续编高。

14. 重复步骤 8~13 直到完成 3 次凹凸，做出花瓶的曲线造型。

15. 将编枝剪断，预留约 4 个主枝间隔距离的长度作为收尾用线。

16. 将编枝由内向外，由下一层编枝空隙处穿出编枝层。

17. 再由外向内穿入，将编枝藏入编枝层中。

18. 将主枝剪断，保留至少 8 厘米的长度作为主枝收尾预留线。

19. 将一支主枝向逆时针方向下压，插入下一支主枝旁边。

20. 依次将主枝收尾。

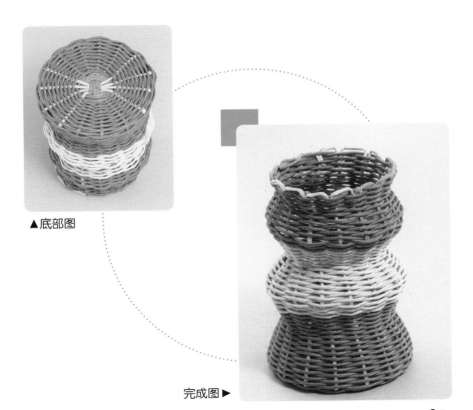

▲底部图

完成图▶

作品

collection

06

# 直立多角花瓶进阶版

这是将直立多角花瓶的弯曲弧度、作品高度、颜色进行升级进化的高难度制作方案，待我们手法熟练后，造型还可随意变化，创作空间很大哦！

材料: 52 厘米铁丝纸藤卷 8 支, 25 米无铁丝纸藤卷 1 支,
3 米无铁丝纸藤卷 1 支, 尖嘴钳

1. 以四上（横向）四下（竖向）的方式将 8 支铁丝纸藤以十字底的方式摆放。

2. 用十字底的编法将编枝（左上）以逆时针方向绕编。

3. 编完铁丝纸藤卷后接上无铁丝纸藤卷, 4 圈后将主枝平均散开。

4. 改为一上一下的压挑编法继续绕编, 编 8~9 圈。

5. 将主枝向上立起, 弯成圆弧形。

6. 顺着弧线继续向上编约 12 圈。

7. 再换成别的颜色的编
枝，并将主枝直立起，
编约 4 圈。

8. 换回原色编枝，再将
主枝向内弯，继续绕编
出弧度。

9. 编至最窄处时将主枝
直立，换用别的颜色的
编枝以直立方式编 1 圈，
完成第一个阶段。

10. 再换回原色纸藤，将
主枝向外弯，继续绕编。

11. 重复步骤 6~10，编出
3 个圆弧。

12. 保留长约 4 个主枝间
隔距离的编枝进行收尾。

13. 将编枝由内向外，由下一层编枝空隙处穿出编枝层。

14. 再由外向内穿入，将编枝藏入编枝层中。

15. 剪掉多余的编枝。

16. 用手指轻压，将编枝的距离缩小，使之变得密实。

17. 弯曲一支主枝。

18. 用钳子辅助，将主枝向逆时针方向下压成直角。

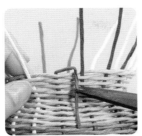

19. 将下弯的主枝预留约 5 圈编枝的高度，再将多余的剪掉。

20. 之后将主枝插入逆时针方向的相邻主枝旁边。

21. 依次收编所有主枝，做好瓶口。

▲完成图

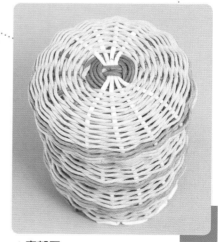

▲底部图

PART 2

第二章

纸藤收纳

作品

collection
01

# 针 线 收 纳 组

---

妈妈的针线盒要随时待命，因为她迷上了
玩拼布，还有爸爸的纽扣掉了、哥哥的拉
链坏了、妹妹的布偶破了……
一针一线，缝出一家人的亲情。

---

材料：60 厘米铁丝纸藤卷 9 支，14 米无铁丝纸藤卷 1 支，2 米无铁丝纸藤卷 1 支，尖嘴钳

1. 以四上（横向）五下（竖向）的方式将 9 支铁丝纸藤以十字底的方式摆放。

2. 用编枝（左上）以逆时针方向、十字底编法进行绕编。

3. 铁丝纸藤卷编完，改用无铁丝纸藤卷继续绕编。

4. 编完 4 圈，将主枝平均散开。

5. 改为一上一下压挑编法继续往外扩散编约 14 圈，之后将编枝置于上方。

6. 将一支主枝以逆时针方向进行两次一上一下的压挑编后再向上折起。

7. 起头的部分需保留较大空隙，之后空隙逐渐缩小。

8. 依次立起主枝。

9. 将倒数第四支主枝由下向上从第一支主枝空隙中穿上来，并拉直、立起。

10. 继续完成倒数第三支和倒数第二支主枝。

11. 将最后一支主枝从第一支主枝空隙中由上向下穿入。

12. 再从二个主枝空隙处由下向上穿出。

13. 再从第三支主枝空隙
向下穿入。

14. 最后从第四支主枝空
隙处向上穿出。

15. 用尖嘴钳拉紧预留的
空隙。

16. 整理拉紧后，将所有
主枝往外略斜直立起来。

17. 用原编枝向上继续绕
编，边编边调整主枝之间
的距离。

18. 绕编时随时将主枝调
直，并使主枝之间的间
距相等。

19. 编约 20 圈，剪断编枝并将其末端藏入编枝层中。

20. 从交接处换上别的颜色的编枝。

21. 继续绕编约 5 圈。

22. 再换原色编枝继续绕编至满意高度。

23. 结尾时将编枝从下一层编枝层缝隙中穿出再穿入，并重复一次，之后将末端藏入编枝层。

24. 将一支主枝以逆时针方向下压，一里一外穿入、穿出旁边的两支主枝后，再重复做一次。

25. 依次收编主枝。

26. 倒数第二支主枝先向右折。

27. 之后由第一支主枝的空隙中穿出。

28. 再从第二支主枝的空隙中穿入并将末端藏在编枝层中。

29. 将较大的空隙拉紧。

30. 剪掉多余的纸藤。

▲底部图

▲完成图

# 文具收纳篮

涂鸦，是游戏也是创作。每个孩子都愿意
体验涂鸦并且乐在其中。他们在挥洒纯真
童稚时，也能学会分类收纳。

材料：30 厘米铁丝纸藤卷 6 支，25 米无铁丝纸藤卷 1 支，
螺丝刀

1. 以三上（横向）三下（竖
向）的方式将 6 支铁丝
纸藤以十字底的方式摆
放。

2. 用编枝（左上）以十
字底编法逆时针绕编。

3. 共绕编 2 圈。

4. 铁丝纸藤用完后接无
铁丝纸藤卷替代原编
枝；将所有的主枝平均
散开。

5. 改为一上一下压挑编
法继续绕编，逐渐向外
扩编 8~9 圈，完成底面。

6. 将主枝立起。

7. 每支主枝皆垂直于桌面。

8. 再继续绕编。

9. 编高时需不停将主枝调直，以免变形。

10. 编至需要的高度后，将编枝之间的缝隙压紧。

11. 预留 4 个主枝间隔的长度为编枝收尾用，将多余的编枝剪断。

12. 将编枝穿入前一圈编枝下方。

13. 继续在下一层缝隙中绕编。

14. 编枝编尽后，将其末端藏在编枝层里。

15. 编枝收编完成。

16. 将一支主枝弯成圆弧状，隔开逆时针方向的临近主枝，插入第二支主枝旁。

17. 依次收编主枝，可用螺丝刀辅助。

18. 完成编织。

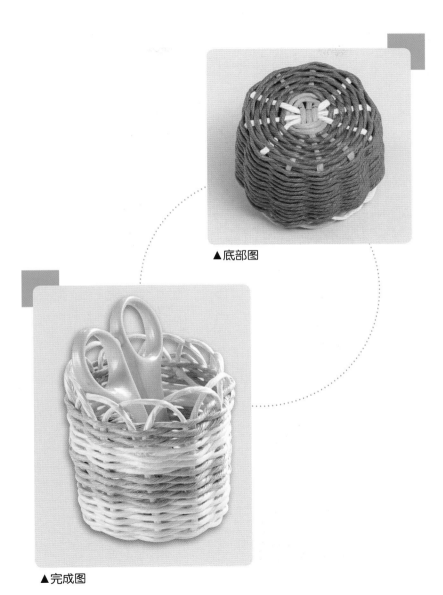

▲底部图

▲完成图

作品

collection

03

# 多用途小巧篮

休闲的午后，阳光正暖，爱生活的你可以一边品茶一边聆听音乐，备上瓜子、开心果放在精致的小巧篮里，怡然自得。还可在小巧篮里放上竹柏、罗汉松，将它变成小小森林，又会是另一种情境。

材料：26 厘米铁丝纸藤卷 6 支，5 米无铁丝纸藤卷 1 支

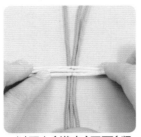

1. 以三上（横向）三下（竖向）的方式将 6 支铁丝纸藤以十字底的方式摆放。

2. 以十字底编法用编枝（左上）逆时针编 2 圈。

3. 编枝用完后可接上无铁丝纸藤作为编枝，并散开主枝。

4. 改为一上一下压挑编法编 3 圈后，将主枝呈圆弧状立起。

5. 继续向上绕编约 20圈，剪断编枝并将其末端藏入编枝层中。

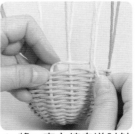

6. 将一支主枝向逆时针方向压折，以一外一内的方式分别穿过另两支主枝。

7. 依次收编其余主枝。

8. 最后两支主枝不收尾，
预留做把手。

9. 再将已折下的一支主
枝以顺时针方向回折，
并越过相邻主枝。

10. 将主枝插入下一缝隙中
藏线。

11. 依次收编其余主枝。

12. 将预留为把手的主枝
向对方方向弯折并插入
对方旁边。

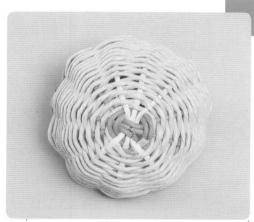

▲底部图

▲完成图

作 品

collection
04

# 点心篮

生日聚会对小朋友来说是最开心的时
候。将饼干、糖果装满点心篮，也将
祝福、喜悦分享给他人。

材料：26 厘米铁丝纸藤卷 8 支，6 米无铁丝纸藤卷 1 支，筷子 1 根

1. 以四上（横向）四下（竖向）的方式将 8 支铁丝纸藤以十字底的方式摆放。

2. 用编枝（左上）以十字底编法逆时针方向绕编 4 圈。

3. 将主枝平均散开。

4. 再接上无铁丝纸藤卷，向外扩散编约 8 圈。

5. 将主枝呈弧状立起。

6. 顺着弯好的弧度，继续编高约 18 圈。

7. 将编枝藏在编枝层内。

8. 将主枝以逆时针方向压折，以一外一内的方式绕过旁边两支主枝后折出，并在折下时用筷子顶出洞口。

9. 依次将主枝收编，倒数第二支主枝由内向外，从第一支主枝的洞口穿出。

10. 最后一支主枝由外向内，从第一支主枝的洞口穿入。

11. 再由内向外，从第二支主枝的洞口穿出，完成第一层收编。

12. 将一支主枝以逆时针方向搭在相邻的主枝上，并往下折。

13. 依次收编其余主枝，最后一支主枝由上往下，从第一支主枝的空隙中穿出。

14. 剪掉过长的主枝。

▲完成图

底部图 ▶

作 品

collection

05

# 多 用 途 收 纳 篮

不同大小的收纳篮可以用来放置遥控
器、电费账单、小玩偶……想放什么就
放什么，还能帮我们养成分类收纳的好
习惯哦！

材料：44 厘米铁丝纸藤卷 12 支，25 米无铁丝纸藤卷 1 支

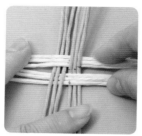

1. 将 12 支铁丝纸藤 3 支一组，如图摆放，做井字底。

2. 用编枝（右下）以井字底编法逆时针绕编。

3. 绕 2 圈后，另接其他颜色的编枝（无铁丝纸藤卷），以逆时针方向继续编绕。

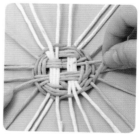

4. 再编 1 圈后，将主枝平均散开，换一上一下的方式向外绕编。

5. 编约 18 圈，完成底面。

6. 将主枝垂直立起。

7. 用编枝继续向上编高约38 层。

8. 最后，编枝保留 4~5 个主枝间距的长度，多余的部分剪掉。

9. 继续编，将编枝末端藏在编枝层里。

10. 完成编枝收编。

11. 将主枝在 2 厘米高处弯成尖状并逆时针下压。

12. 将主枝逆时针越过一支主枝，插入下一支主枝旁，插入至少 5 层编织层的深度；每支直立主枝皆依序藏线收编。

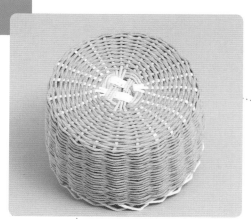

▲底部图

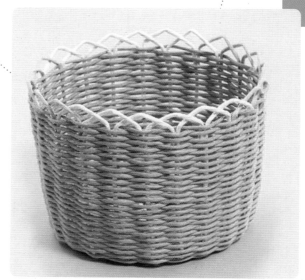

▲完成图

collection
06

# 多用途收纳篮进阶版

家里总会有一些小东西自己跑丢了，如咖啡糖包、零食饼干等。给这些小东西做个"家"，再给这个"家"加点蝴蝶结、缎带，让小东西只想窝在自己的"家"里，不会出来制造混乱。

材料：44 厘米铁丝纸藤卷 12 支，25 米无铁丝纸藤卷 1 支，
80 厘米无铁丝纸藤卷 1 支，白胶

1. 将 12 支铁丝纸藤 3 支一组，如图摆放，做井字底。

2. 将编枝（右下）以井字底编法逆时针方向绕编。

3. 铁丝纸藤卷编完后，接上无铁丝纸藤卷作编枝。

4. 编 3 圈后，将主枝平均散开，换一上一下压挑编法往外绕编，编 18～19 圈。

5. 将主枝垂直立起，编枝继续编约 18 圈，之后将编枝藏在编织层里。

6. 另剪两条比 1 圈周长稍长的无铁丝纸藤卷。

7. 将它们反向卷，使之松
散。

8. 再用力拉直，使纸藤卷
松开。

9. 将松开的纸藤卷尽量摊平。

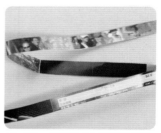

10. 剪一条宽1.5厘米的厚纸
条（可用杂志的纸）。

11. 将厚纸条放在纸藤卷
上，涂上白胶，粘在散开
的纸卷条内。

12. 用纸藤卷包覆、粘住
厚纸条。

13. 再以一内一外的方式
绕编主枝一圈。

14. 结尾处需多出 4~5 个
主枝间距。

15. 将多出的部分相交重
叠。

16. 再用白胶粘好。

17. 调整主枝之间的距离，
并将主枝拉直。

18. 完成一圈纸条的绕编。

19. 依同样的方法放入第二圈纸条，与第一圈交错（内外相反）编织。

20. 完成第二圈纸条编织。

21. 继续用原色纸藤编枝向上编。

22. 编约 10 圈后收尾，将编枝末端藏于编枝层内。

23. 最后参照 p.73 步骤 12 的方法将主枝收编，完成编织。

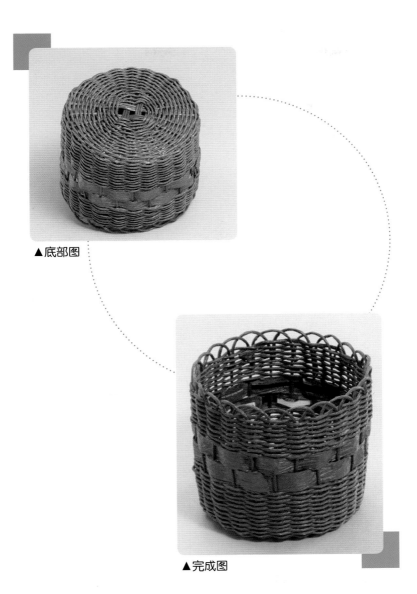

▲底部图

▲完成图

作品

collection

07

# 杂物篮

宽扁的篮身造型，加上一个锥形的盖
子，很适合收纳杂物，也可放饼干、
水果等食物，摆在客厅随时供人享用。

材料：55厘米铁丝纸藤卷12支，20米无铁丝纸藤卷1支

1. 将12支铁丝纸藤3支一组，如图摆放，做井字底。

2. 将编枝（右下）以井字底的编法逆时针绕编4圈。如果铁丝纸藤卷用完，需接上无铁丝纸藤卷。

3. 将主枝均匀散开，编枝换一上一下压挑的编织方式向外扩散编15圈，之后将编枝置于上方。

4. 将每一支主枝按逆时针方向以两次下上挑压的方法编出缘边。

5. 将主枝立起略向外折，呈斜直立状。

6. 用编枝继续编高约32圈。

7. 最后将编枝末端插入编枝层内藏起。

8. 将主枝向右越过一支主枝，插入下一支主枝旁、至少 5 层编织层的深度；每支直立主枝皆依序藏线收编。

▲篮子完成图

篮子底部图▶

材料：36 厘米铁丝纸藤卷 12 支，40 米无铁丝纸藤卷 1 支，
尖嘴钳

1. 将 12 支铁丝纸藤卷对半
折。

2. 将对折处对齐，利用其
中一枝绕紧所有铁丝纸
卷，捆成一束。

3. 共缠绕 7 圈。

4. 将纸藤分开成奇数组，
每组 3~4 支。

5. 用缠绕的铁丝纸藤卷作
为编枝，以组为单位，按
一上一下压挑编法至铁丝
纸藤卷用尽。

6. 将铁丝纸藤卷藏在编枝
层里面。

7. 将其他颜色的无铁丝纸藤卷插入，作为新编枝。

8. 继续绕编 8 圈。

9. 再改为每两支主枝一组，绕编约 10 圈。

10. 将主枝略弯，做出盖子的弧度。

11. 再将主枝均匀分开，改为一支支地进行编绕。

12. 共编约 27 圈。

13. 编好后，将编枝藏在编枝内层。

14. 将主枝逆时针方向下压后再向下用钳子弯成直角，并留出 5~6 层编枝高度后剪断。

15. 将主枝藏在相邻的主枝缝隙里，其余主枝都以此方法完成收编。

16. 整组完成。

▲盖子内侧图

▲盖子完成图

作 品

collection

08

牙签罐

将牙签、水果叉放在触手可及的牙签罐
中，既方便取用，又美化了餐桌环境。
给这些小物件做个"家"，让宾客也来
感受下主人不俗的品位吧。

材料：30 厘米铁丝纸藤卷 6 支，4 米无铁丝纸藤卷 1 支，1.2 米无铁丝纸藤卷 1 支，尖嘴钳

1. 以三上（横向）三下（竖向）的方式将 6 支铁丝纸藤以十字底的方式摆放。

2. 用编枝（左上）以十字底编法逆时针绕编两圈。

3. 换上无铁丝纸藤卷后，将主枝平均分散。

4. 改为一上一下压挑的方式继续绕编，编约 8 圈。

5. 将主枝弯出弧度后稍稍向外斜立起。

6. 继续向上绕编，完成弧度后再编约 4 圈，保持主枝直立。

7. 如图将主枝稍稍向内弯出弧度，然后继续绕编。

8. 编好后，将编枝末端藏在编枝层里。

9. 将主枝用钳子弯成直角，并留出 5~6 层编枝厚度后剪断。

10. 将主枝藏在相邻的主枝缝隙里，其余主枝都以此方法完成收编。

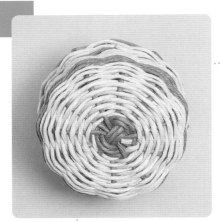

▲底部图

▲完成图

材料：9 厘米铁丝纸藤卷 13 支，3 米无铁丝纸藤卷 1 支

〈盖子〉

1. 将 13 支铁丝纸藤顶端对齐，用无铁丝纸藤卷绕紧，缠绕 6 圈。

2. 如图将有铁丝纸藤分散成 5 组，每组 2~3 支，作为主枝。

3. 将主枝倾斜一定角度，将缠绕的无铁丝纸藤作为编枝，一组组地进行一上一下的绕编。

4. 编约 6 圈后，改为一支支地绕编。

5. 再将主枝弯成弧状，继续绕编。

6. 编至合适大小。

7. 用与篮身同样的方式将主枝、编枝收尾。

▲盖子内侧图

▲整组作品完成图

collection
09

# 新年糖盒

新年吃糖，让嘴巴和心里都甜滋滋的。
准备一个应景且喜气的糖盒，装零食、
喜糖或水果，也装满一整年的福气。

材料：45 厘米铁丝纸藤卷 12 支，25 米无铁丝纸藤卷 2 支

1. 将 12 支铁丝纸藤 3 支一组，如图摆放，做井字底。

2. 用编枝（右下）以井字底编法逆时针绕编。

3. 铁丝纸藤卷编完后，改用无铁丝纸藤卷继续编约 4 圈。

4. 将主枝分散，换两上两下压挑编法继续绕编。

5. 编约 5 圈后，将主枝平均散开，改为一上一下压挑编法继续绕编。

6. 共编约 22 圈后，将主枝直立起来，稍向外斜。

〈盒身〉

7. 用编枝继续编约38圈。

8. 之后取一支主枝以逆时针方向弯下，一内一外地绕过旁边两支主枝，再将主枝弯向篮内。

9. 依次将主枝进行收编，主枝皆朝向篮内。

10. 最后一支主枝由内向外，从第一支主枝的空隙中穿出。

11. 再由外向内，从第二支主枝的空隙穿入，完成第一圈收编。

12. 再将第一支主枝向逆时针方向弯折，置于其旁边第七支主枝下方，注意不要拉得太紧。

13. 依次进行第二圈的收编。

14. 这样在篮子边缘内侧又形成了一圈边缘。

15. 最后一支主枝由内向外，从第一支主枝的空隙中穿出。

16. 然后由外向内，穿入第六支主枝的空隙中。

17. 将主枝拉紧，缩小空隙。

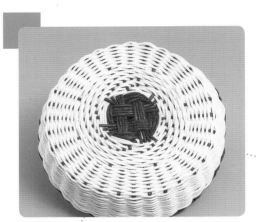

▲底部图

▲完成图

材料：55 厘米铁丝纸藤卷 14 支，30 厘米铁丝纸藤卷 1 支，25 米无铁丝纸藤卷 1 支，尖嘴钳

< 盖子 >

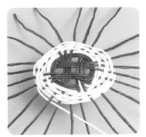

1. 参考盒身制作方法（p.99 步骤 1~5）编织盖子顶端部分。

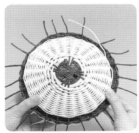

2. 比对盒身口径，编至比盒身口径略小的程度，注意盖子要有一个倾斜角度。

3. 将编枝藏入编枝层内收尾。

4. 将盖子调整成形。

5. 将主枝用钳子弯成直角，并留出 5~6 层编枝厚度后剪断。

6. 将主枝藏在相邻的主枝缝隙里，其余主枝都以此方法完成收编。

7. 完成缘口收编。

8. 另取一支铁丝纸藤卷，从盖顶中心空隙处穿入并环绕两圈，做盖子的提环。

9. 在盖子内部，将提环两端线头扭在一起、固定。

▲ 整组作品完成图

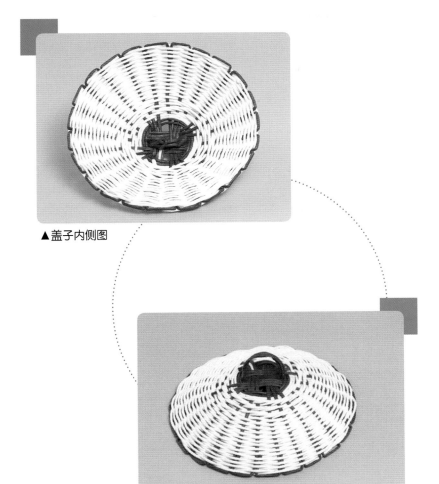

▲盖子内侧图

▲盖子完成图

作 品

collection

10

# 化妆品收纳组

女人的梳妆台前，总少不了一些化妆品和发饰。每天把自己精心打扮好再出门，从精致的妆容开始，感受幸福……

材料：35 厘米铁丝纸藤卷 8 支，25 米无铁丝纸藤卷 1 支

1. 以四上（横向）四下（竖向）的方式将 8 支铁丝纸藤以十字底的方式摆放。

2. 用编枝（左上）以十字底编法逆时针方向绕编。

3. 铁丝纸藤编尽后，接上无铁丝纸藤卷。

4. 继续编织共约 4 圈。

5. 之后平均散开主枝，改为一上一下压挑编法。

6. 再编约 10 圈，完成底面编织。

7. 将所有主枝倾斜立起。

8. 继续用编枝进行编织。

9. 编织过程中主枝之间的距离不要超过 2 厘米。

10. 向上编至主枝剩约 8 厘米的高度时，将编枝藏入编枝层收尾。

11. 将一支主枝在彩笔上缠绕一下，弯出弧度。

12. 将弯好的主枝插入旁边的主枝边，并以此方法完成所有主枝的收编。

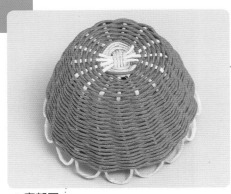

▲底部图

▲完成图

PART 3

第三章

纸藤包包&装饰品

作品

collection

01

# 淑女包

女人外出时，包包是最不可缺少的装饰品。做一款纯手工包包，背着出门，回头率肯定很高！

材料：8 厘米铁丝纸藤卷 16 支，25 米无铁丝细纸藤卷 1 支，尖嘴钳

1. 将 16 支铁丝纸藤 4 支一组，如图摆放，做井字底，并用编枝（右下）编出直径约 16 厘米、高约 4 厘米的包身。

2. 然后换一种颜色的编枝继续绕编。

3. 绕编时主枝要略向外斜，编约 26 圈。

4. 再换上原来颜色的编枝。

5. 编约 13 圈。

6. 将编枝藏在编枝层内收尾。

7. 将一支主枝以逆时针方向下压，分别从内、外绕过旁边两支主枝，之后重复一次，并放在第六支主枝内侧。

8. 前几支主枝需预留较大空隙，以逆时针方向将主枝一一收编。

9. 依次收编各主枝。

10. 倒数三支主枝要从前面主枝预留的空隙中穿出、穿入。

11. 用钳子将预留的空隙拉紧。

12. 完成主枝的收编。

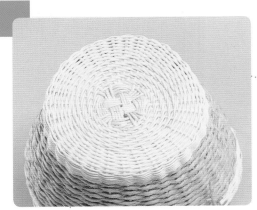

▲底部图

▲完成图

材料：80 厘米无铁丝纸藤卷 16 支，20 厘米无铁丝纸藤卷 2 支，
编盘器，白胶

^
包
带
∨

1. 准备编盘器及无铁丝纸藤卷，并将 16 支纸藤卷分为两组。

2. 以 8 股编方式编织两条包带。

3. 用无铁丝纸藤将包带固定在篮身上。

4. 结尾处需用白胶粘好、固定。

5. 修剪掉余线。

6. 另一根包带做法相同，然后将包整理出形状，上硬化剂；包内可视需要加装里布，缝制内袋、拉链等。

**117**

作 品

collection

02

野餐提篮

利用纸藤和珠子打造出的镂空设计，
让人有清凉透气的舒畅感。放什么
都行，顺便装上愉快的心情，开心
地出门去！

材料：80 厘米铁丝纸藤卷 16 支，25 米无铁丝纸藤卷 2 支，
装饰珠子若干

1. 将 16 支铁丝纸藤 4 支一组，如图摆放，做井字底。

2. 用编枝（右下）以井字底编法逆时针编织。

3. 铁丝纸藤卷编完后，需接上无铁丝纸藤卷继续绕编。

4. 总共绕编约 4 圈。

5. 将主枝分散，编枝换两上两下压挑方式绕编。

6. 编出螺旋状花纹。

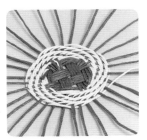

7. 编约10圈。

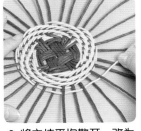

8. 将主枝平均散开，改为一上一下的压挑方式绕编。

9. 再编约10圈。

10. 将主枝立起，弯成圆弧状。

11. 继续编高约26圈，可随个人喜好调整高度。

12. 将装饰珠子穿入编枝。

13. 再将装饰珠子穿入主枝。

14. 之后将编枝上的一颗珠子卡在两支主枝之间，然后继续绕编。

15. 编枝需紧贴主枝珠子的上方绕编，完成一圈。

16. 继续编 4~5 圈后完成第一层；再在两主枝间卡一颗珠子，并在主枝上按个人喜好放上珠子，重复步骤 15。

17. 再编高 4~5 圈。

18. 共编 4 层，也可随个人喜好加减层数。

19. 编至所需的高度后，将编枝藏在编枝层内。

20. 将一支主枝逆时针方向压下，从外侧绕过两支主枝后再从内侧绕过第三支主枝并将其向外拉出。

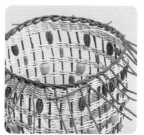

21. 依次收编各主枝，完成第一圈收编，主枝均向外。

22. 再将一支主枝放在其逆时针方向第四支主枝上，并绕过它向下折。

23. 依次将主枝进行第二圈的收编。

24. 完成后拉紧主枝，剪掉过长的主枝，完成缘口收编。

25. 用编盘器将长约 90 厘米的 8 条纸藤编成一个提把，共做两个（具体做法可参考 p.127 步骤 1，2）。

26. 将包带由外向内插入包身两边的空隙中，之后将包带向上拉起。

27. 绑紧包带折叠处并用白胶加强固定。

28. 完成一边后，在对称位置装上另一组包带。

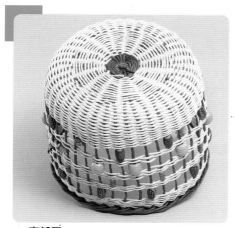

▲ 底部图

▲完成图

作 品

collection

03

圣 诞 树

将圣诞树放在家中，不但可以作为节
日装饰，也可作为家居饰品，装点房
屋。注意，它还可以用来收纳哦！

底面

第
一
层

1. 第一层以 14 支主枝、井字底编织的方式编织底部，当主枝间距扩散至约 1.5 厘米时，需加入 8 支主枝以缩小主枝间距。底面直径编至约 25 厘米时，再向内斜立起主枝将第一层编高。

底面

第
二
层

2. 第二层以 14 支主枝、井字底编织的方式编织底部，编至主枝间距约 2 厘米时向内斜立起主枝并编高，收尾前 5~6 圈需将主枝改为直立。

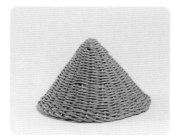

内侧

第
三
层

3. 第三层以 5 支主枝、十字形编织的方式编织底部，主枝向外扩散，编出尖头，若主枝间距过大可陆续加入主枝，做出三角锥形的顶盖。

< 组合 >

4. 将三层圣诞树组合到一起，注意编织时就时刻关注三层的大小比例，以免圣诞树形状不和谐。